童话数学
儿童数学启蒙图画书

U0155643

精通数数的阿贵

· 10 进制基础 ·

国开童媒 编著　　每晴 文　　王炫予 图

国家开放大学出版社出版　　国开童媒（北京）文化传播有限公司出品

北　京

　　从前，有个穷小子名叫"阿贵"。他的家里穷困极了，除了一副破旧的桌椅和稻草铺的床，几乎什么都没有，就连门窗都残破不堪。

　　阿贵渴望着改变这一切，他想：如果能借些钱，买几头猪崽来养，到了年底，把养大的猪宰了卖给村里人，除了还上买猪崽的本钱，一定还能攒下些钱，让我的日子过得好一点儿。

　　可是，找谁借钱呢？阿贵不认识什么有钱人，只知道镇上有个财主叫"金元宝"。这个金元宝从小就在祖辈留下的钱堆里长大，每天只做一件事儿，就是数钱，但这也是让他最烦的事儿，因为他总是一数到"10"就犯糊涂。

　　阿贵决定到镇上去找这位金财主碰碰运气。

不料，金元宝听了阿贵的来意，连正眼都没有瞧他一眼，就摆摆手说："去去去，没看我正烦着呢！这么多的金条，怎么数也数不清，我都不知道我有多少钱，怎么借你钱？"

= 10

阿贵愣了一下，瞅了瞅满桌的金条，又瞧了瞧愁眉苦脸的金元宝，连忙上前说："我有个办法，您每数10根金条，就剪一段绳子把它们捆绑起来，这样1捆金条就是一个'10'……"

金元宝一听，用力地拍了一下自己的脑袋，大呼："对呀，我怎么没想到！"

　　他连忙叫上帮手照着阿贵的说法去做，不一会儿，桌上就整整齐齐地摆满了捆绑好的金条。

　　"1个'10'，2个'10'，3个'10'，4个'10'，5个'10'，6个'10'，7个'10'……还剩余了4根金条……一共是7个'10'加4根！"

　　"也就是74根。"

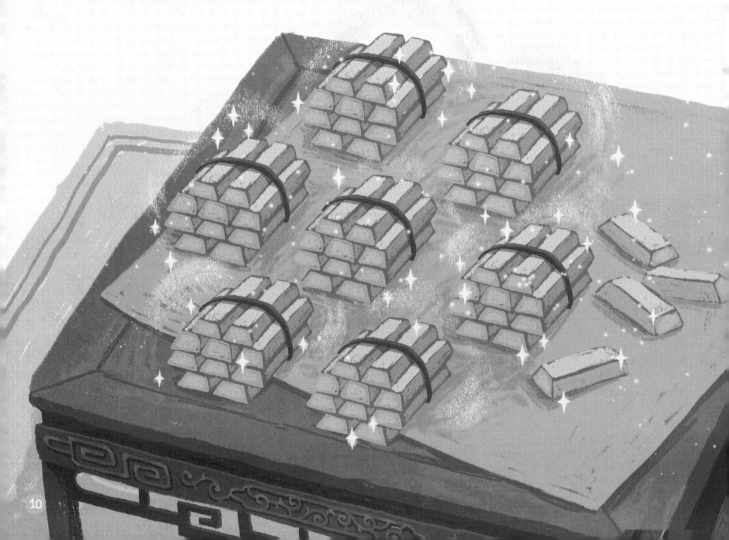

小贴士： 可以用计数器帮助孩子理解数位，知道个位和十位的意义，与金条对应，清楚地展示读、写数的方法：写数时，有几个十就在十位上写几，有几个一就在个位上写几；读数时，十位上有几个十就读"几十"，个位上有几个一就读"几"。

十位	个位
7	4

读作 "七十四"

　　这可把金元宝乐坏了，发愁了好几年的难题，居然这么一会儿就解决了，他随手拿起一根金条，塞到阿贵手里："你可帮我解决大问题了，这根金条就借给你，什么时候有钱了再还我，利息我就不收啦！"

　　阿贵没想到自己这么顺利就借到了钱，连忙留下借条，谢别金财主，朝畜牧场走去。

阿贵刚迈进畜牧场的大门，就撞见几个满头大汗的人。听他说完是来买猪的，其中一个人两手一摊，说道："你还是改天再来吧，我们这儿最会数数的伙计刚辞工了，赶上猪和羊又下了不少幼崽，我们几个在这儿数了大半天也数不清，一数到'10'我们就犯迷糊，实在没空接待你。"

　　阿贵不慌不忙地说："这好办，你们把这外头的栅栏搬到围栏里，多隔出几个隔间，每个隔间里赶进去10只动物。"

　　农场的几个伙计虽然不知道阿贵要做什么，但非常听话地照办了。

接着，阿贵来到围栏跟前，一间一间地数了起来。

鸡满了2个隔间还剩7只，那就是2个'10'再加'7'只。

小贴士：请你根据阿贵的清点方法，数一数鸡有多少只。

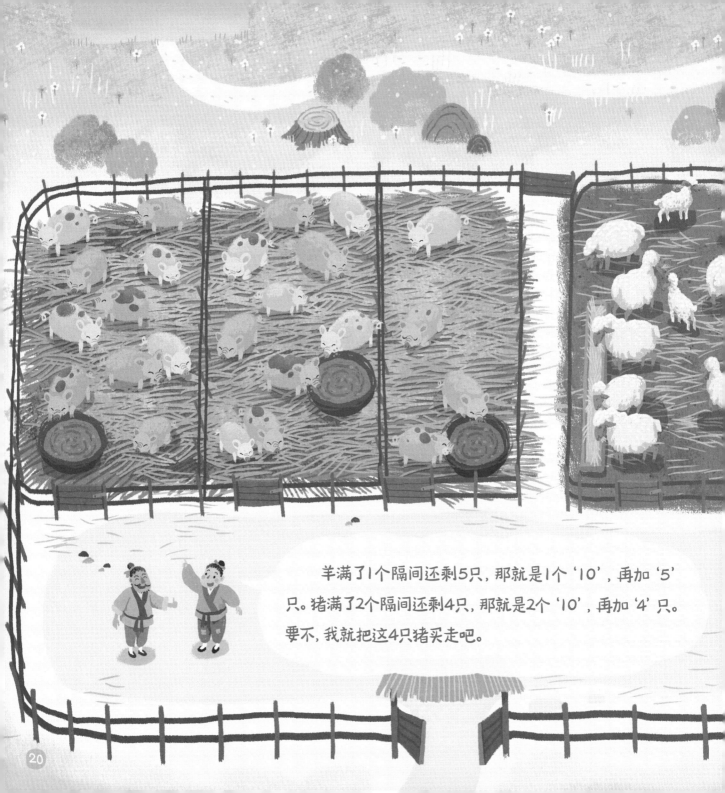

羊满了1个隔间还剩5只，那就是1个'10'，再加'5'只。猪满了2个隔间还剩4只，那就是2个'10'，再加'4'只。要不，我就把这4只猪买走吧。

小贴士：请问羊和猪分别有多少只呢？

21

这时，一直在一旁坐着的畜牧场老板连忙走了上来，对阿贵说："年轻人，你的脑子真聪明，我这儿正缺一个会数数的伙计，要不你就留在我这儿打长工吧，我每个月付你一个金币做工钱，怎么样？"

阿贵有点儿不敢相信自己的耳朵，他的脑子飞速地转了起来：如果自己留在这里打工，不仅可以不用花掉借来的这根金条，而且一个月一个金币，那么到了年底就是……

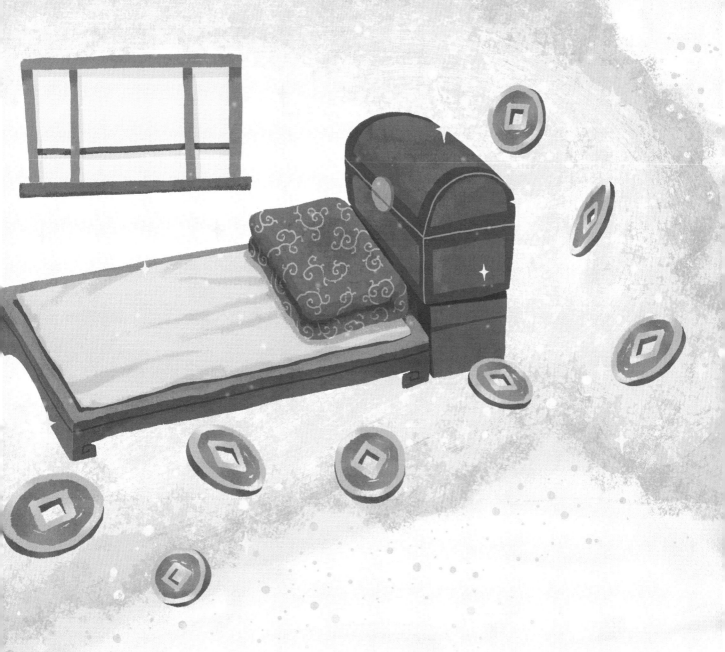

小贴士: 请你想一想,阿贵在这里打一年工能攒下多少个金币呢? 阿贵会答应畜牧场老板的邀请吗?

· 知识导读 ·

　　孩子几乎天天都在和数学打交道，生活中更是一刻都离不开数学的计数问题。如何计数，是人类社会从诞生之日起，就不得不面对的问题。相信大家都听说过结绳计数的方法，还有实物计数、刻道计数、算筹等。绘本中的阿贵面对一些事物时，他以"10个"为一组，一组一组地数，最后再进行累加。这里的"十"就是计数单位，计数单位就是数字计量单位。常见的计数单位是：个、十、百、千、万……这些计数单位所占的位置就叫作"数位"。

　　那么在生活中，我们如何帮助孩子更好地理解"10进制"呢？可以跟孩子一起动手操作，拿出小棒，"1、2、3、4、5、6、7、8、9……"，数到"10"的时候，就可以把这10根捆成一捆，或者放到一个容器中，告诉孩子：这就是1个"10"，也就是10个"1"。然后接着数："11、12、13、14、15、16、17、18、19……"，又凑成了1个"10"，又可以捆成一捆，现在就有2个"10"了。再接着往下数，孩子就能自己推理出"28、29"之后是几个"10"了。如果数到了"99"，添上1，是不是个位满十了，出现了10捆，发现十位也满十了，这就会出现新的计数单位"百"，那10个"10"就是"100"。快和孩子一起接着往下进行推理吧，相信孩子一定能体会到10进制的奥秘。

北京润丰学校小学低年级数学组长、一级教师　蒋慕香

思维导图

生活离不开数学，聪明的阿贵就是因为很会数数而得到了一份满意的工作。他都帮谁解决了难题？他又是怎么机智地解决的呢？请看着思维导图，把这个故事讲给你的爸爸妈妈听吧！

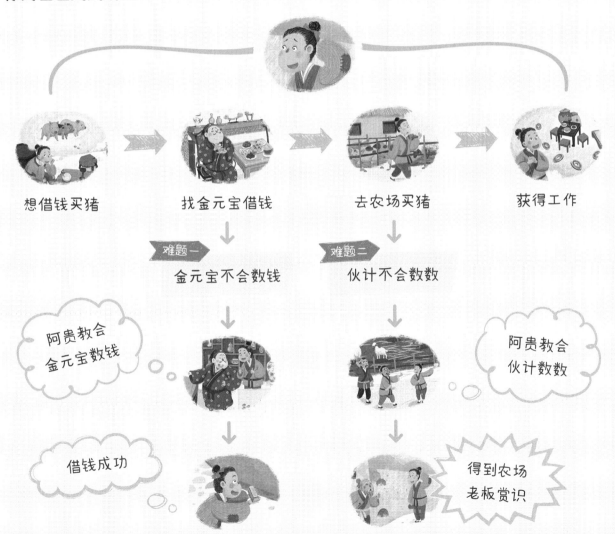

想借钱买猪 → 找金元宝借钱 → 去农场买猪 → 获得工作

难题一
金元宝不会数钱

难题二
伙计不会数数

阿贵教会
金元宝数钱

阿贵教会
伙计数数

借钱成功

得到农场
老板赏识

数学真好玩

·糖果有多少·

　　糖果铺的老板也是一个一数到"10"就犯难的家伙，请你学习阿贵的方法，数一数下面的图案中一共有多少颗糖果吧！

·伙计阿贵的卖猪日·

今天畜牧场来了大生意，有人要买走畜牧场的15只猪。阿贵需要数出这些猪并把它们赶到旁边的围栏里，你能帮帮他吗？请你数出15只猪并圈起来。

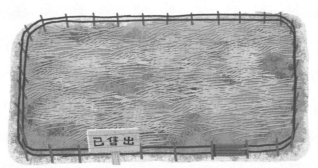

已售出

· 阿贵的糕点店 ·

　　阿贵凭着自己精通数数的本领积累了第一笔创业资金，开了一家糕点店。为了能弄清楚糕点每天制作了多少，剩余了多少，阿贵必须有精准的记录。假如你是糕点店的伙计，你能帮助阿贵准确地数出每天糕点制作和剩余的数量吗？请你数一数以下每日早晚的糕点，并将数字填在括号内。

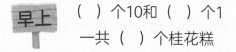

早上　（　）个10和（　）个1
　　　一共（　）个桂花糕

晚上　（　）个10和（　）个1
　　　还剩下（　）个桂花糕

早上　（　）个10和（　）个1
　　　一共（　）个绿豆糕

晚上　（　）个10和（　）个1
　　　还剩下（　）个绿豆糕

·我是小商人·

1. 两名玩家:

一个担任商家,一个担任买家。(家长和孩子搭档,或者两个孩子一起玩。)

2. 游戏准备:

1)找出家里数量比较多的玩具或者生活用品当作商品,比如积木、曲别针、塑料小棒等,越多越好。

2)准备36张数字卡片当作钱,其中两份标有"1~9"的卡片,共18张(代表个位的几个"1"),两份标有"10~90"的卡片,共18张(代表十位的几个"10")。

3. 游戏规则:

1)商家把物品分类摆好,买家告诉商家自己要买多少个什么物品,商家告诉买家他所购买的商品一共多少钱。

2)买家组合好所代表钱的数字卡片递给商家,商家收好卡片后准备商品(记得按照今天阿贵教你的方法数商品哟)。

3)商家把准备好的商品给买家后,买家需要检查商品的数量对不对。

4)如果商家拿到的钱和商品的数量正确的话,这场交易就算成功啦!

5)经过几轮的交易后,两方角色可以互换,比一比谁才是最聪明的小商人!

知识点结业证书

亲爱的_____小朋友，

恭喜你顺利完成了知识点"**10进制基础**"的学习，你真的太棒啦！你瞧，数学并不难，还很有意思，对不对？

下面是属于你的徽章，请你为它涂上自己喜欢的颜色，之后再开启下一册的阅读吧！